KB096500

알아두면 피곤한
과학 지식 1

그래도 무식하게 죽지 말자!

Originally published in French under the following title:

Tu mourras moins bete, tome 3. Science un jour, science toujours!

by Marion Montaigne

© 2014 Editions Delcourt

Korean translation copyright © Jakkajungsin 2020

Published by arrangement with Editions Delcourt

through Sibylle Books Literary Agency, Seoul

알아두면 피곤한
과학 지식 1

그래도 무식하게 죽지 말자!

마리옹 몽테뉴 글·그림 | 이원희 옮김

작가
정신

차 례

미

어떻게 해야
지방을 뺄 수 있을까?

트리플 A 등급 근육질 몸매를 찾아볼 수가 없고, 흐물흐물한 몸이 대다수인
프랑스는 '비만 혐오'를 내걸고 비만과 전쟁에 나설 만큼 비만 문제가 심각하다!

이런 얘기는 귀에 딱지가 앉을 만큼 들었다. 그렇다면 해결책은? 먹는 양을 줄이는
것뿐이다.

토론이 아니라 움직여야 할 때다.

* 마뉘엘 발스 : 프랑스 전 총리.—역자 주

오케이, 접수. 운동하자.

하지만 운동만으로는 부족하다!

이런 말도 안 되는 일이 다 있다니. 블랙홀이나 힉스 입자는 빠삭하면서 어떻게 지방의 작용은 전혀 모른다는 건지!

근육이 체력 회복을 위해
지방 세포를 태워서
마시멜로 먹듯 와작와작
먹어 치운다고
생각할지 모르지만…

사실은 그렇지 않다. 지방 세포는 장작처럼 타오르지 않는다. 지방 세포 속의
에너지가 필요한 상황이 되면, 근육은 중성 지방(트리글리세이드)에게 부탁해야 한다.

이 과정은 시간이 좀 필요하다. 뇌가 지시를 내려야 택배를 발송하기 때문이다.

지방 세포는 호르몬과 효소 형태의 메시지 그리고 20달러짜리 지폐를 발견할 것이다.

온몸이 쑤셔! 이건 좋은 신호야! 지방이 산산조각 나고 있다는!

달리기를 한 지 20분쯤 지난 뒤, 택배가 목적지에 무사히 도… 도착하면…

우편물 엉덩이 부서

자, 편지 왔어요… 어머! 착오가 좀 있었나 봐요…

실수로 방광에 보내졌던 모양이에요.

아, 쉬 마려워!

땀도 뻘뻘 나고!

일단 지방 세포가 중성 지방을 배출해야 한다는 사실을 알게 되면, (운동을 중단한) 15세 때부터 한 적이 없었던 과정을 다시 밟아야 한다.

지방 세포는 지방 분해 승인 서류와 지질 과세 의견서 사본, 호르몬에 민감한 지방 분해 효소인 리파아제 수입 명세서를 제출한 뒤에야…

…마침내 중성 지방을 배출할 수 있다.

이번에는 지방 세포가 특급 우편으로 근육에게 중성 지방을 지방산과 글리세롤의
형태로 보낼 차례다.

아무튼 이제는 이해했을 거다.
운동을 한다고 순식간에
지방이 제거되지 않는다는 걸.
이렇게 긴 절차가
필요하니까!

이와 같이, 달리기를 해도 지방 세포는 남아 있다.

* HBO : 유선 방송.—역자 주

운동을 하면 지치기 때문에
식욕을 절제하기 힘들어서
연구자들은 2008년에
감지 시스템을 도입하자고
제안했다. 감지 시스템은
씹는 행위와 위의
활동을 분석하고…

…너무 많이 먹으면… 포만감이 느껴지도록 위를 직접 자극하다가…

체념하고 받아들여야 한다. 우리 몸은 비키니가 등장하기 훨씬 이전부터… 야생에서 아주 유용하게 몸을 보호할 수 있도록 만들어져 있다.

뒤룩뒤룩하게 살찐 야생 동물을 본 적이 있나?

물론 곰 같은 동물은 뚱뚱하다. 하지만 곰은 비, 추위, 실연 등으로 방황하며 험난한
시기를 보내는 동안…

…스트레스에
시달리느라 비축된
에너지를 쓴다.

실연의 아픔을 달래느라 다른 곰순이를 만나려면 에너지 소비가 훨씬 많기 때문에
차라리 따뜻한 곳에서 잔뜩 먹는 편이 낫다.

비만인 동물을 보려면 인간의 음식을 먹고 살아가는 동물을 찾아야 한다.
1950년 이후 몸무게가 40퍼센트 늘어난 볼티모어의 쥐를 예로 들어 보자.

라따뚜이 *,
와, 허세 쩌는데!

* 라따뚜이 : 미식가 쥐, 라따뚜이의 요리사 도전기 애니메이션.—역자 주

쥐들이 인간에 기대어 살면서 뚱뚱해졌다고 볼 수 있다. 이에 연구자들은 오랜
실험 끝에 비만을 치료하는 데 아주 효과적인 식단을 찾아낼 수 있었다.

그게 뭔데? 뭔데?

그러니까…

올해 가장 핫한
다이어트 방법은…

새로운
다이어트
케이트
마우스

'분변 미생물군 이식'이래…

"이 방법으로 말하자면,
체중 감량을 도와주는
장내 세균을 되살리기 위해
날씬한 쥐의 똥을 먹는 것이다."

이 다이어트 처치를 받은 비만 쥐들은 몸무게가 20퍼센트 감소했다.

단, 똥을 먹는
분식성 동물만 가능하다.

반대로, 날씬한 쥐들은 비만 쥐의 똥을 먹어도 체중이 증가하지 않는다. 날씬한
쥐들의 배 속 세균 집단이 비만으로부터 보호해 주기 때문이다.

머잖아 운동과 다이어트를 하지 않아도 되는 날이 올 것이다. 날씬한 사람의 대변으로 다이어트 약품을 만들 테니까.

아, 물론 캡슐은 베이컨 맛이나 바비큐 향이 나게 만들 테고.

02

잠자는 동안
거미를 먹는다고?

박사님께

인터넷에서 잠자는 사이
자기도 모르게 일 년에 거미를
여러 마리 삼킨다는 기사를 읽었는데
그게 정말이에요?

질리 ♡

아니, 잠깐만, 설마
우리가 좋아서 콧구멍
같은 데 들어가 산다고 생각해?
우리처럼 불쌍한 애들을 너무 우습게여기네!

우리가 잠을 자는 동안 황당무계한 꿈만 꾸는 게 아니라…

쿨쿨쿨

안 돼, 이고르!
저리 가요!

…거미도 삼킨다는 괴담이 있다. 심지어…

으아아아악!!

아듀,
잔인한 세상아!

…나도 모르는 사이에.

일 년에 거미를 네 마리는 먹는다고 추산하는 이들도 있다.

일생 동안 삼키는 거미의 양은 500그램으로, 2만 마리에 해당한다고 추산하는 이들도 있다!

이런 도시 괴담이 사실처럼 떠돌고 있지만, 명확한 근거는 없다! 우선, 거미가 잠든 사람의 얼굴을 기어 다니면 잠든 사람은 움직이거나 잠에서 깰 것이다.

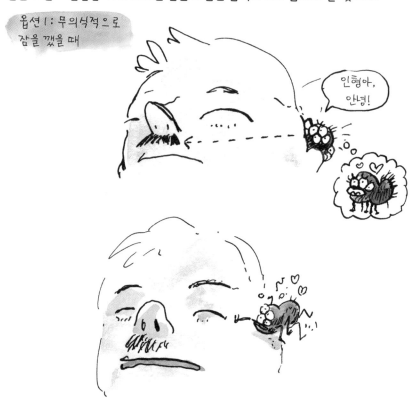

옵션 2 : 제삼자가
깨웠을 때

거미가 거미줄을 타고 곧장 입속으로 내려간다면 몰라도…

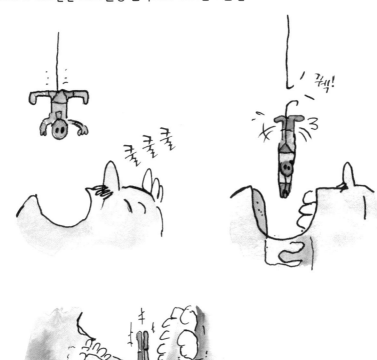

…엄청 민감한 기관인
혀와 목젖을
건드리지도 않고.

여기서 질문. "거미가 왜?"

거미가 왜 당신의 얼굴에서 모험을 할까? 눈가에 고인 눈물을 먹기 위해서라고 말하는 이들도 있다.

하지만 그러기에는 눈가에 맺힌 물이 너무 적다.

사실, 거미는 쓸데없이 당신의 입속에서 모험할 필요가 전혀 없다. 거미의 온몸에 나 있는 털은 모두 감각 기관(리라 모양)이라는 데 이유가 있다.

시각적 효과를 위해 거미를 스파이더맨으로 대체하여 살펴보자.

이 감각 기관은 공중의 미세한 떨림에 아주 민감하다.

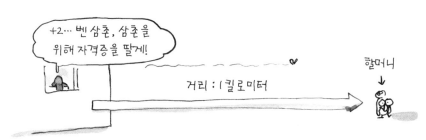

게다가 거미는 다리로 냄새를 맡는다. 사람이 입을 벌리고 내뿜는 가스는
사막여우가 풍기는 냄새만큼 지독할 텐데 과연 거미가 가까이 갈까?

사실, 사람의 입속으로 뛰어들어 봐야 거미에게는 좋을 것이 전혀 없다.

설사 거미를 먹는다고 해도 몸에 그리 해롭지는 않다. 거미가 나쁜 애들도 아니고!

하지만 한 가지 간과한 사실이 있다면…

…인구의 9퍼센트가 아라크노포비아, 즉 거미 공포증이 있다는 사실이다.

거미 공포증이 있다면 기뻐할 소식이 있다! 브라질의 심리학자들이 'STA(Spider Therapy Arachnophobia)'라 불리는 거미 공포증 치료법을 개발했다. 거미 공포증 환자에게 거미가 아니라 거미와 모양 또는 크기가 비슷한 이미지를 보여 주는 치료 방법이다.

가령 브뤼셀의
아토미움 기념관 일부를
보여 준다든가…

…아니면 카메라 다리…

…레게머리를 한 사람을 보여 줄 수도 있다…

그런데 놀랍게도 이 치료법의 성공률이 92퍼센트에 이른다. 우스갯소리를 하자면, 이 치료법은 레게머리 사진사들이 대체로 독신인 이유를 설명해 준다. 머리 모양이 거미를 연상시키는데 어떤 여자가 좋다고 할까.

팔다리가 두 개씩이 아니라 여러 개이고, 스쿠비두 매듭과 줄무늬 덱 체어를 좋아하는 남자들 역시 여자를 만나기 힘든 것도 이해가 된다!

수염 기른 놀이기구 관리인들이 연애하기 힘들었던 것도 이해가 된다.

요컨대, 밤에 자다가 거미를 삼킬 위험은 거의 없다. 설사 거미를 삼켰다고 해도 그게 뭐 그리 큰일이겠는가. 살다 보면 더 나쁜 일도 생길 수 있는데.

03

사후 냉동은
어떻게 진행될까?

인터넷만 연결이 되면… 우리는 뭐든 할 수 있다.

검색…
먼저 검색부터…

…아무 관계도 없는 사이트에서 찾고 있으니 나올 리가!

인간을 냉동시키는 까닭은 병환이 심각해 사망이 임박한 환자를 급속 냉동시켰다가 의술이 훨씬 발달했을 미래의 어느 날에 깨어나게 하여 병을 고치고 생명을 연장하기 위해서다.

주의! 무언가를 냉동시키기란 생각만큼 쉬운 일이 아니다! 조직을 얼리면 세포에 얼음 결정이 형성되기 때문이다.

얼기 전의
세포

얼린 뒤의
세포

뒤이어 세포들이 파괴된다.

단적인 예로, 아무리 겉보기에 그럴싸해 보이는 냉동 음식이라도…

…포장을 벗기면 엉망진창인 것만 보아도 알 수 있다.

인간을 냉동시키는 저온 공학은 생각보다 훨씬 전문적인 기술이다. 소득세 고지서를 보고 갑자기 죽었다고 생각해 보자.

(주의! 냉동 인간이 되려면 사망해야 한다. 법적으로 살아 있는 사람에게는 냉동을 허용하지 않는다.)

다행히 그때가 냉동 연구소에 등록하고 15만 달러를 입금한 뒤였고, 연구소의 기술팀이 때맞춰 도착했다면 냉동 인간이 될 준비는 갖춰진 것이다!

우선, 기술팀은 심장을 마사지하는 기계에 사망한 환자를 눕힌다. 소생시킬 목적이 아니라…

…글리세롤을 함유한 액체를 몸속에 주입해 순환시키기 위한 것이다. 글리세롤은 부동액이기 때문에 세포가 얼 때 얼음 결정이 형성되는 현상을 방지한다.

그 결과, 세포는 유리화된다.

그다음… 두개골 속의 압력이 높아지는 현상을 방지하기 위해 환자의 머리에 구멍을 두세 개쯤 뚫는다.

마지막으로 환자를 드라이아이스에 담갔다가 액체 질소를 가득 채운 석관에 넣는다. 여기서 잠깐! 냉동 인간이 수족관 같은 석관에 마임 자세로 보관된다고 생각하면 오산이다.

행여나 그런 상상을 했다면 모두 잊어라. 실제로는 냉동 인간을 일종의 슬리핑백에 담아 알루미늄 박스에 넣은 다음, 영하 196℃ 액화 질소를 채운 거대한 캡슐에 집어넣어 보관한다. 다른 환자 6명과 함께. 머리가 밑으로 가게 거꾸로 세운 자세로.

왜 머리를 밑으로 가게 할까? 언젠가 박스 안에서 액화 질소의 수위가
낮아지더라도 머리는 계속 차갑게 유지되도록 하려는 것이다. 반면, 깨어났을 때는
해동시킨 그라탱 같고, 발은 부패해 있을 수도 있다.

8천 달러만 보내면, 기억과 인성의 근거지인 머리만 유리화할 수 있다. 훗날,
암으로 사망한 환자를 소생시켜 치료할 수 있는 날이 오면 환자의 몸을 무성
생식으로 복제하여 머리를 되돌려놓을 수 있다!

후손들은 과연 늙은 부자들이 이런 식으로 미래에 소생하는 걸 원할까?
그건 알 수 없다.

페이스북 창업자
마크 저커버그?

슈퍼스타
저스틴 비버?

경영학자
피터 드러커?

월트 디즈니?

(월트 디즈니는 냉동 보관되어 있다는 설이 있다.*)

2156년…

여보게들! 냉동되어 있는 동안 기똥찬 아이디어가 떠올랐지 뭔가!

라이온 킹 이야기인데!

멋진 머리털을 휘날릴 라이온 킹의 총천연색 영화! 라이온 킹이 뉴욕으로 가서 트윈 타워를 방문하는데…

존슨 대통령에게 연락해요! 하이에나를 엄청 사랑하는 분이니까!

* 사실, 월트 디즈니는 1966년 화장했다.

하지만 무엇보다 중요한 의문이 있다. 냉동된 인간도 부양가족으로 세무서에 신고해야 하나?

당연히 신고해야지!

지이이잉!

04

난기류와
비행 공포증

이런! 직장 동료인 피숑이 휴가를 다녀온 뒤, 그와나풀코에서 찍은 사진을 보여 주며 자랑한다.

이것도 좀 봐, 바로 여기서 페피토가 흰고래한테 물린 거 있지!

흑흑!

에이! 오늘 메뉴는 크넬*이네!

* 크넬 : 프랑스식 만두 요리.—역자 주

너어어무 좋았다니까!

난 뇨키*가 좋은데.

* 뇨키 : 이탈리아 전통 요리.—역자 주

피숑, 누구 낚았구나?

아니.

1. 당신의 동료 피숑은 남자를 낚지 않았을 뿐만 아니라,

아, 페피토는 이제 고작… 열두 살짜리 애란 말이야…

2. 여행을 떠나기 전보다 훨씬 밝아졌다. 피숑은 비행기 타기를

비행기 타기를 무서워하는 사람들은 추락할까 봐 두려운 것이다. 그런데 비행기가 거의 피할 수 없는 자연현상이 있는데, 바로 난기류다.

난기류는 정말 무시무시하다. 당신이 긴장을 조금 풀려는 순간…

…갑자기 들이닥친다.

한 비행 공포증 환자는 난기류가 발생했을 때
무슨 일이 일어나는지 이렇게 분석했다.

비행 공포증 환자는 조종사들이 아래와 같은 장면을 경험할지도 모른다고 상상한다.

난기류가 발생했을 때, 실제로 비행기는 10여 미터 하강한다. (추락이 아니라.)
이때 조종석에서 일어나는 일은 아래 장면과 더 비슷하다.

조종사에게 난기류는 바다에서 선장이 맞닥뜨리는 너울성 파도와 같다고 할 수 있다.
그래도 파도는 눈에 보인다.

하지만 난기류는 눈에 보이지 않는다. 그래서 조종사들은 그저 거대한 적란운을
피하려고 노력한다.

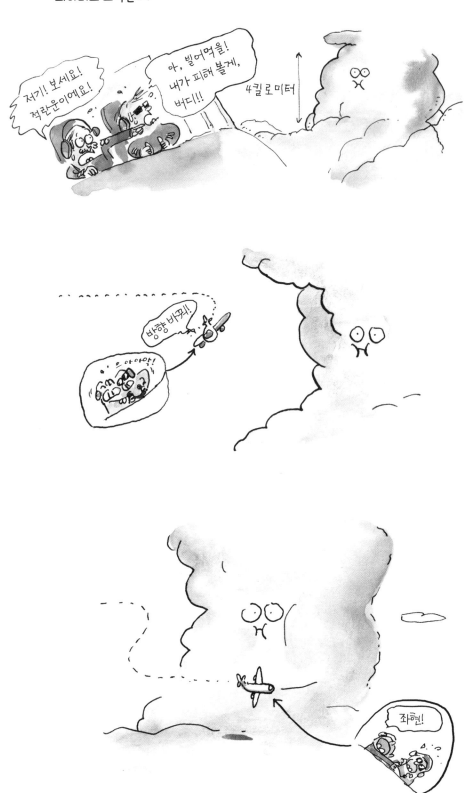

난기류는 산 때문에 생길 수도 있다. 이런 상황에서 조종사는 비행 계획이 허락하면
우회할 수 있다.

뜨거운 공기는 위로 올라가고, 찬 공기는 아래로 내려간다.

비행기 자체가 난기류나 회오리를 일으킬 수도 있다. 따라서 다른 비행기를 가까이 뒤따라가거나 그 아래로 지나가는 건 좋지 않다.

영화 <배트맨 다크 나이트 라이즈>에서는 난기류가 발생해도…

…카메라에 수평 안정 장치가 달려 있어서 영상이 흔들리지 않는다. 하지만 실상은 이렇다!

비행 공포증 환자를 불안에 떨게 만드는 도시 괴담도 있다. 조종사가 승객들을 재우기 위해 기내 산소량을 떨어뜨릴지도 모른다는…

10분 후…

이 도시 괴담은 완전 오해다. 기내 산소가 부족해지면(저산소증) 승객들은 곧장 잠들기보다 처음에는 오히려 행복감을 느낀다.

이어서
시야가 좁아지고…

어어!

…입술 청색증이 진행되다가…

푸우!

…마침내 심한 편두통을 일으킨다.

풀썩!

뿐만 아니라 조종사는 기내 산소량을 바꿀 수조차 없을 뿐더러 (자동화되어 있기 때문이다.) 조종사도 승객들과 똑같은 공기를 마신다.

오예, 좋아!

하하!

유후우우우!

얼마 후…

05

급소를 맞으면
왜 아플까?

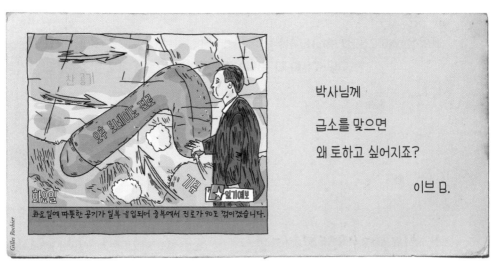

박사님께

급소를 맞으면
왜 토하고 싶어지죠?

이브 B.

실제로 남성들은
자신의 성기에 애착이
강하기 때문에 통증과
구토의 원인이
심리적인 데 있다고
생각할 수도 있다.

그런데 남자들은 일상생활 중에 고환을 다칠 일이 많다.

계단 난간을 타다가

무거운 물건을 들다가

암벽 등반을 하다가

회전문에서

고양이 장난 때문에

61

원반던지기를 하다가

고환을 다치면 정신병자처럼 행동하게 될 수도 있다.

그리고 최악의 경우, 성기를 잃을까 봐 두려워한다.

하지만 괜히 아픈 척하는 게 아니다.

통증은 순전히 신체적인 것이다.

신체 부위 가운데에서도 '명치'라고 불리는 부위 때문인데, 의학 용어로 말하자면…

'복강 신경총'이죠.

매력적이네!

얼마나 박식한지!

완전 감동 받았어요!

정말이지 탄복했다니까요!

아, 네!

(원초적으로 돌아가)
설명해 보자면…

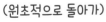

그러니까 도로테의 노래 가사처럼 말이다. "신은 어느 날 세상을 창조하고 우주 만물을 창조할 때가 왔다고 결정하셨다…"

다만, 신경을 연결할 때만큼은 진땀을 뺐다. (사실적으로 표현하면 공포를 자아내기 때문에 인간의 몸과 기관 이미지를 컴퓨터 장비로 대체했다.)

어쩔 수 없이 이 온갖 장비들을 케이블 같은 기관으로 몽땅 연결해 버렸는데…

…신도 인내심에 한계가 왔기 때문이다.

그 결과, 고환과 머리를 연결하는 신경 케이블이 간, 비장, 위의 케이블과 연결되어 긴밀히 상호작용하게 되었다.

그래서 고환 부위에
충격이 가해지면…

뇌는 정보의 출처를 해석하려고
시도한다.

안전을 위해 뇌는 구토증을 유발할 수 있다. (중독으로 인한 통증일지도 모르니
대비하려는 반응이다.)

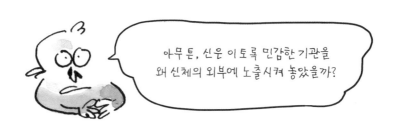

몸속에는 더 들어갈
자리가 없어서?

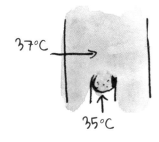

정자를 생산하는 적정 온도가 체온보다 2°C 낮아야
하기 때문이라는 가설이 있다.

덧붙이자면,
날씨가 더울 때
고환은 열을 식히느라
밑으로 쳐진다.

이 가설이 충분치 않다는 의견도 있다.
수컷 포유동물의 생식기가 모두 몸 밖에 있지는
않기 때문이다.

예를 들어,
코끼리는 고환이
몸속에 있다.

신이시여,
감사합니다!

고환이 몸 밖에 있는 이유는
이성에게 보이기 위해서라는
의견도 있다.

여성의 경우를 보자면, 난소가
복강 신경총에 연결되어 있다!
바로 그 때문에 여성은 생리 중에
통증을 느끼고, 성관계도 피한다는 것이
내 생각이다.

06

동물의 눈을 연구하는
직업이 있다고?

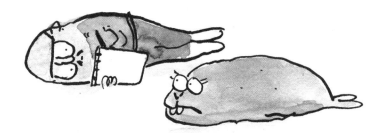

콧※수염 박사님께
저는 동물을 엄청 사랑해요.
나중에 커서 수의사가 되고 싶어요.
그렇지만 피를 보는 건 겁나요.
동물을 돌볼 수 있는
다른 직업이 있을까요?
도라스
Gaëlle Hersent

동물을 사랑한다면
다음에 동물원에 갔을 때는
잘 관찰해 보길…

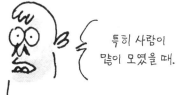

특히 사람이
많이 모였을 때.

멀찍이 떨어져서 지켜보는 사람이 있다면…

…그 사람은 아이들을
유괴하려는 정신질환자일
가능성이 있다.

…아니면
동물행동학자이거나.

동물행동학자는 말 그대로 동물의 행동을 연구하며…

…인간의 행동도 연구한다.

예를 들어 보자면 2002년, 한 연구팀이 중요한 의문을 제기했다.

사실, 몇 가지 예외적인 상황을 제외하고 암소는 표현력이 탁월하지 않다고 볼 수 있다.

암소의 기분을
통역해 주는 종이
있다면 좋을 텐데…

그래서
댄덤 박사의 연구팀은
대안을 생각해냈다.

암소의 욕구 불만 정도에 따라 눈의 흰자위가 어떻게 바뀌는지 측정하기 위해
연구팀은 특정 상황(먹이가 입에 닿지 않는 거리에 있을 때)에 따른 변화를
관찰했다.

1. 만족하는 암소

완전히 검은 눈

Y = 흰자위
X = 검은자위

2. 실망한 암소

y=75%
x=25%

히힝!

↓ 먹이(입이 닿지 않는 거리에 있음)

3. 신경 쇠약에 거의 다다른 암소

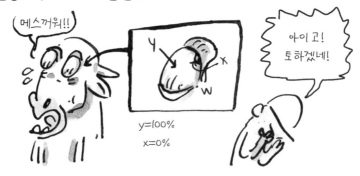

어쨌든 동물행동학자들은 실험 결과를 복잡한 파워포인트로 만들어 레이저 펜을 들고 영어로 설명했다.

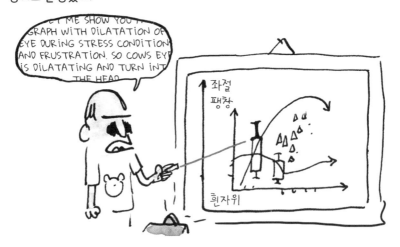

눈에 관해 설명하다 보니 흰머리카푸친이 생각난다. 꼬리감는원숭이과에 속하는 흰머리카푸친은 영역을 차지하기 위해 자기들끼리 죽일 듯이 싸우기도 한다.

그래서 흰머리카푸친은 진정한 친구를 알아보기 위해 무리에 속한 동료들과 독특한 방법으로 피의 협약을 맺는데…

…그 방법이 바로 손가락으로 상대의 눈 찌르기다!

우리 이제 친구다!

조심!
눈 뜨고 있을 때는!

인간 세계에서 상상이나 될 일인가?

그래서 앙겔라와 저는 마침내 합의했습니다…

올랑드

메르켈

동물행동학은 흥미로운 학문이다.

인간의 눈은 초당 최소 24개의 이미지를 지각한다.

거미에게 물려 스파이더맨이 된 피터 파커는 초당 수백 개의 이미지를 지각하는
초인적인 신체 능력이 생기면서… 모든 움직임이 더 느려진 듯 명확히 보이게 된다.

우리끼리니까 하는 말인데, 스파이더맨 피터 파커가 노인과 살면 이 능력이 단점이
된다.

하지만 피터 파커가 거미 말고 부르고뉴 달팽이에게 물렸다면 어떻게 되었을까?

다행히 베허라는 사람이 이런 궁금증을 해결해 주어 마블 엔터테인먼트는 세상에서 가장 괴상한 만화를 만들지 않을 수 있었다.

초당 이미지를 네 개밖에 못 본다니! 그건 스네일맨이 세상을 빨리 감기로 본다는 뜻이다!

그렇게 살면 얼마나 끔찍할까!

영화에 액션 장면이 없다면
얼마나 재미없을지 상상해 보라!

불쌍한 스네일맨은 죽는 순간
주마등처럼 떠올릴
일생마저도…

…쏜살같이 엄청 빠르게 지나갈 것이다.

그리고 크리스마스 파티 때… 보게 되겠지!
(하하하! 요리 잘 만들었네!)

07

집에 진드기만
있는 건 아니다

이 질문에 답하기 위해 교외에 정육면체 치즈 모양으로 자리 잡고 있는 대학교에 찾아가 전문가에게 물어보기로 결정했다.

크리스티앙 B. 박사는 기생충학자다. 따라서 크리스티앙 박사는 직업상 좀 징그러운 질환이나 상처를 보는 데 익숙하다.

"알고 싶다고 말씀하셨던 진드기는 세로무늬먼지진드기가 틀림없습니다. 침대 매트리스에서 발견할 수 있는 침대 진드기가 바로 세로무늬먼지진드기를 가리키는 겁니다."

"침대 진드기는 각질, 머리칼, 땀, 말라붙은 정액 등을 먹고 삽니다."

87

"사람들은 침대 진드기 자체에
알레르기를 일으키는 게 아닙니다.
진드기의 똥이나 허물,
죽은 진드기를 흡입할 때
알레르기를 일으키죠!"

"수컷은 암컷이 번식을 하든, 못 하든 전혀 상관하지 않습니다. 암컷의 나이가
몇 살이든 일단 달려들고 보죠."

"진드기에게는 흡반이 있어서 수컷 진드기는 짝짓기 자세로 24시간 동안
어린 암컷에게 달라붙어 있습니다."

"그렇게 해서 암컷 진드기는 사춘기에 들어서는 겁니다. 수컷이 이미 수정시킬
자세를 취하고 있으니까요!"

"갈고리 모양으로 굵은 발이 달린 발톱진드기는 그 발로 침대 진드기의 목을 따고 잡아먹지요."

"이 모든 일이 침대 위에 놓인 베개에서 일어납니다. 대단하죠."

여기.

좋은 꿈 꿔요, 자기!

팬 톤 이불

사랑해, 여보! 뭐든 추악하고 사악한 건 결코 우리 가까이 올 수 없어!

하지만 또 다른 진드기들도 존재하는데 다 재미있는 애들이죠!

"예를 들자면, 옴 진드기가 있죠."

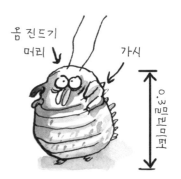

옴 진드기 머리

가시

0.3밀리미터

"옴 진드기는 옴의 원인이 되는 기생충입니다. 영양분을 섭취하기 위해 피부 속으로 굴을 파고 들어가며 배설물과 알 그리고 알레르기를 유발하는 분비물을 퍼뜨리지요."

표피 · 배설물 · 알

"여기에서 '재미있는' 사실은
옴 진드기가 유턴을 못 한다는 겁니다.
따라서 막다른 길에 다다른
옴 진드기는 자기 몸에 난
가시 때문에 옴짝달싹 못한 채
죽습니다. 그 결과, 피부 속에 남은
옴 진드기의 사체와 배설물이
알레르기와 가려움을 유발합니다."

노르웨이 옴●은
전염성●이
매우 강해요.

이런!
옴 결절● 파일이
어디 있더라?

소양증*●과
결절 사진이
어디 있을
텐데.

굳이
찾지 않아도
괜찮은데요.

* 소양증 : 피부를 긁거나 문지르고 충동을 일으키는 불유쾌한 감각.ㅡ역자 주

"바로 모낭충*입니다."

400마이크로미터

부패하고
남은 것

벌레 형태

세계에서 내로라하게 섹시한 사람들의 몸에도 모낭충은 있다. 대체로 얼굴에 많이
있으며, 모낭(털이 나는 구멍)에서 기생한다.

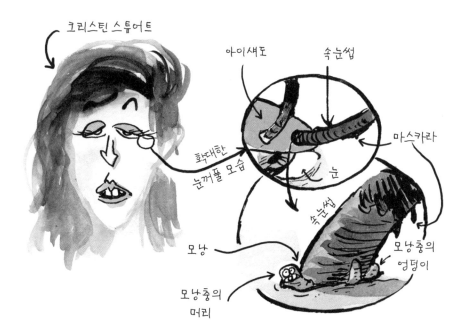

크리스틴 스튜어트

아이섀도

속눈썹

마스카라

확대한
눈꺼풀 모습

눈

모낭

속눈썹

모낭충의
엉덩이

모낭충의
머리

갓 태어난
아기에게만큼은
모낭충이 없다.

맙소사,
어쩜 이렇게 예쁘고
버르장머리 없어
보일까!

깨끗한
광채

맑은
피부

크리스틴

쪽 쪽

부모와 친척들이 귀엽다고
아기에게 얼굴을 부비면서
뽀뽀를 해대기 일쑤다.
그런데 모낭충은 가벼운 접촉으로도
전염된다. 극혐!

크리스틴과의 로맨스를
상상하다가 밤에 그녀의
얼굴을 기어 다니는
모낭충을 떠올리면
정신이 번쩍 들지 않을까.

크앙!
크앙!
크앙!

아니면
시속 6밀리미터로
움직이는 모낭충을
떠올리든지.

모낭충은 모공 속에
머리를 처박고 피지를
먹으며 기생한다.
단, 항문이 없기 때문에
배설물을 몸속에 쌓아 놓고
있다가 죽을 때 한꺼번에
쏟아 놓는다.

"브라질리언 왁싱 때문에 사면발니는 갈 곳을 잃었습니다!"

"이는 입이 아니라 성흔이라는
구멍을 통해 숨을 쉽니다.
이 구멍은 몸의 수분을 조절하는
역할도 하죠."

여기
여기
여기
여기
여기

"이를 퇴치하는 약은 이의 몸에 막을 만들어서 구멍을 막아 버리는 겁니다."

사진
있어요!

보시겠어요?

배출되지 못한
수분이 이의 몸속에
축적됐습니다. 그래서
피를 빨아먹은
것처럼 위가
빵빵하죠.

이번에는 열대 지방에 서식하는 기생충에 관해 자세히 설명해 보겠다.

08

킬러 로봇이
발명될까?

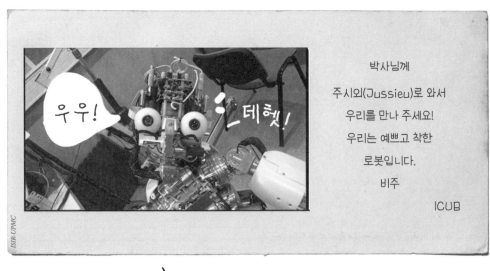

박사님께

주시외(Jussieu)로 와서
우리를 만나 주세요!
우리는 예쁘고 착한
로봇입니다.

비주

ICUB

주시외에는 인공지능 시스템 및 로봇 공학 연구소(ISIR)가 있다.

* 스카이넷 : 인간이 개발한 인공지능 전략 방어 네트워크.—역자 주

브누아는 다른 로봇 공학자 세 명(인간들)과 한 사무실을 쓰고 있다.

질문 자체가 바보 같은 데다 이미 만 번쯤은 받아서 로봇 공학자들이 치를 떠는 질문이 있다. 그 질문에는 세 가지 유형이 있다. 첫 번째 질문은…

도요타가 만든 로봇 바이올리니스트

"단… 크기가 작은 바이올린이나
바이올린 말고 다른 물건을 끼우면
적응하지 못합니다.
로봇은 프로그램대로 작동하니까요."

브누아와 동료 과학자들은 다른 시도를 하고 있다. 로봇이 스스로 터득하고 적응하기를 바라기 때문이다. 예를 들어, 스스로 바퀴를 굴리는 방법을 터득한다든가.

전진해라, 로봇!

어떻게?! 그건 프로그램에 없는데…

알아서 해결해!

로봇은 몇 가지 방법을 시도할 것이다.
바퀴 하나를 들어서 굴러가기.
전진하는 데 성공하면 로봇은
보상을 받는다.

근데…

… 로봇한테 보상은 뭐로 하죠?

나 굴러간다!

4,000번의
시도 끝에

로봇의 천국으로
갈 거라고
말하노라!

바퀴가 더는 굴러가지 못하도록
막을 경우… 로봇은 전진하기 위해
스스로 해결할 줄 알아야 한다.
가령 걸어서라도.

로봇 공학자들을 짜증나게 하는 두 번째 질문은…

탐사 로봇으로 활용할 수 있다.
NASA는 쌍둥이 탐사 로봇 중
하나인 스피릿을 화성으로
보내 원격 조종을 했다.

105

스피릿은 곧장 암석 앞으로
가도록 조종당해서는
오도 가도 못하는 상태가 되었다…
그것도 화성에서.

그 뒤, 로봇을 조종한 연구원은 NASA에서 비웃음거리가 되었다.

자, 이제 과학자를 짜증나게 하는
세 번째 질문을 할 차례다.

터미네이터가 실제로 존재하게 될지 여부는 아직 불투명하다. 현재 로봇은 두 발로
걷는 수준만 가능하다. 키가 150센티미터인 아시모 2족 보행 로봇은 존재한다.

단, 아시모의 보행 속도는 시속 1.5킬로미터에 불과하다. (반면 공포에 사로잡힌 여성은 시속 30킬로로 내달린다.)

애석하게도, 아시모는 계단에
아주 취약하다. 2007년, 일본에서
아시모의 능력을 선보이는 시연회를
열었을 때 아시모가 계단에서
굴러 떨어지는 모습을
전 세계가 지켜보았다.
얼마나 굴욕적이었을까!

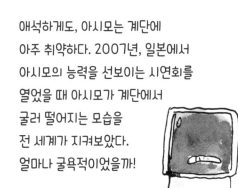

좋아, 기운 내자!

까당!

로봇이라고 하면 다들 걸어 다니는 터미네이터를 상상하지요. 하지만 집에서 날마다 접하는 로봇이 있습니다. 바로 세탁기죠.

세탁기는 터미네이터만큼 인상적이지는 않지만… 분명히 로봇이라 할 수 있죠.

09

공포의
화장실

115

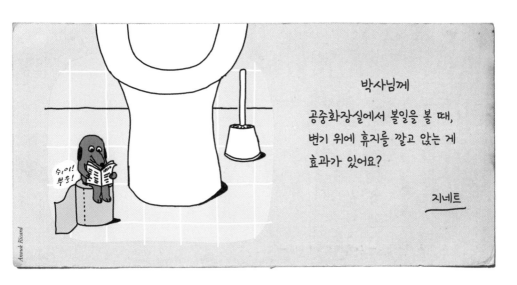

박사님께

공중화장실에서 볼일을 볼 때,
변기 위에 휴지를 깔고 앉는 게
효과가 있어요?

지네트

여자 화장실 앞을 보면 늘 줄이 길게 서 있다.

일차적인 이유를 들자면, 여성의 몸속에는 여러 기관이 자리를 차지하고 있어서…
남성보다 방광이 작다.

117

여자 화장실 앞에 줄이 긴 또 다른 이유를 들자면, 여성의 12퍼센트가 가지고 있는
강박관념 때문이라 할 수 있다.*

* 무어 박사의 연구

변기에 휴지를 12센티미터 두께로 깔아서, 엉덩이를 보호하려는 강박관념 말이다.

편지로 온 질문의 요지는 크리스토가 다리를 포장하듯* 변기에 휴지를 겹겹이 깔고 앉는 것이 효과적인지 묻는 것이다.

* 크리스토 자바체프 : 불가리아 출신의 미국 미술가. 공공건물이나 자연을 포장하는 작업을 했으며, 파리의 퐁 네프 다리를 포장한 적도 있다.— 역자 주

원인은 여기에 있다. 사람들이 공중화장실은 더럽다고 생각한다.

많은 이가 공중화장실 변기에는 온갖 세균이 득실거린다고 여긴다. 변기는 불특정 다수의 엉덩이에서 오는 세균들의 온상이라고 생각하기 때문이다.

따라서 대부분 변기에 살이 닿으면 세균 부대가 말 그대로 (혐오스러운 표현이지만) 굶주린 좀비처럼 엉덩이를 먹어 치울 거라고 생각한다.

그래서 결국 화농성 피부염에 걸려 엉덩이가 누런 화장지처럼 될지 모른다고 생각한다.

최악의 경우, 세균이 몸속으로 들어갈 수도 있다고 생각한다.

세균이 몸속으로 들어오지 못하게 여성 가운데 85퍼센트가 쓰는 기술이 또 있다. 엉덩이를 반쯤 든 공중 부양 자세로 배뇨하는 방법이다.

이때 변기를 현미경으로 관찰하면 아마 생난리가 났을지도 모른다.

121

찰스 게르바라는 부드러운 이름의 세균학자는 상대적인 평가를 내린다.

게르바 박사는 우주에서 온 외계인들이 자기들의 위생 기준에 따라 우리의 변기를 판단한다면 완전히 잘못 짚을 거라고 말한다.

제곱센티미터 당 세균 8

여성들이여, 공중화장실 변기는 표백제를 사용해 수시로 소독하니까 공중부양은
쓸데없는 짓이라는 사실을 알아두고…

…화장실 바닥에
내려놓은 가방이나
잊지 말자.

변기 물을 내릴 때
배변 찌꺼기가 가방에
튀었을지도 모르는데…

볼일을 본 다음, 가방을 들고…

나와서는 반드시 얼굴을 매만진다. 분당 다섯 번 정도는.

다음 날…

무어 박사가 이끄는 연구팀은 공중부양 자세가 배뇨의 질에 미치는 영향을 연구했다.

연구원들은
미쳤다는 말을
들으면서도…

소변을 보는 자세에 따라 가해지는 복부 압박이 어느 정도인지 측정했다.

125

그 결과, 여성이 소변을 볼 때 변기에 앉은 자세보다 공중부양 자세일 때 훨씬 근육 수축이 많이 된다는 결과를 얻었다.

가방까지 끌어안은 여성은 더는 근육을 수축시킬 여력이 없다. 그 결과, 소변 배출량이 21퍼센트 감소했다.

문제는 방광을 시원하게 비우지 않으면 요로 감염증(방광염)을 유발할 수 있다는 점이다!

이와 반대로, 지나친 수축은 게실염*을 유발할 수 있으며, 뇌졸중 또는 최악의 경우, 엘비스 프레슬리처럼 심장 마비를 일으킬 수도 있다.

전장! 안 돼!

로큰롤의 황제는 아무 데나 엉덩이를 대지 않는데!

그렇다, 엘비스는 앉아서 소변을 봤다. 파란색 스웨이드 가죽 구두를 더럽히지 않으려고!

* 게실염 : 대장의 벽에 생긴 비정상적인 주머니. ─ 역자 주

아아악! 그래도 이건 너무하잖아!

예방 차원에서, 여성들에게 공중 화장실에서 변기에 편히 앉아서 볼일을 보라고 알려 주기 딱 좋은 시연인데!

그럴 수는 없지! 미쳤어? 명색이 황제인데!

황제의 체면이 있지!

우리는 덮어 두자고!

127

10

우주의 주인은 누구?

박사님께

시어머니 생신이 다가와서
생신 선물로 인터넷에서
운석을 하나 구입했어요.
시어머니께서 달의 일부를
갖게 된 걸 기뻐하실까요?

에밀류

솔직하게 말할게요,
에밀…

당신의 시어머니가
어리석은 분이라면
기뻐하시겠죠.

하지만 분별력이 있는
분이라면…

…그건 절도나
다름없는 짓이고…

…멍청한 짓을
했다고 하실걸요.

달이나 우주의 것은
함부로 가질 수 없다는 것도
몰라요?

어휴!

철어억!

1967년에 체결되어 현재까지 이어지고 있는 '우주 조약'은 각국 변호사들이 달과 기타 천체에서 해도 되는 활동과 해서는 안 되는 활동을 논의해 입법화한 기본 원칙이다.

요컨대, 달과 기타 천체는 어느 국가도 소유권을 주장할 수 없으며…

* 1979년에 체결된 달조약 제11조.

그러니까 에밀처럼 운석을 구매하는 행위는 불법이다. 이 조약들은 특히 우주 정거장에서 날마다 적용되고 있다!

예를 들어, 일본 달착륙선 내에서 프랑스인 우주비행사와 미국인 우주비행사 사이에
다툼이 일어났다고 생각해 보자.

그러다 살인 사건이
일어났다고 치자.

그렇다면 이 범죄는 어느 나라의 법에 따라 처벌을 받을까?

1. 프랑스 법?

베아트리스 달*이 면회 왔다.
운 좋은 줄 알아!

종신형

* 베아트리스 달 : 프랑스 여배우.— 역자 주

2. 미국 법?

발톱 하나
때문에!

독살형

3. 일본 법?

빌어먹을
우주비행사!

교수형

반면, 우주비행사가 일본 착륙선 안에서 칫솔로 동료의 눈을 찔렀다고 생각해 보자.

눈을 찔린 우주비행사가 피를 흘리며 죽어 가는 와중에도 멀리 떨어진 유럽 착륙선으로 이동하다가…

…도중에 이탈리아 착륙선의 컴퓨터에 피를 흥건하게 흘려 우주선이 훼손된다면…
법적으로 일이 복잡해진다.

그럼 착륙선 밖에서 범죄가 일어난다면 어떨까? 서로 먼저 달에 첫 발을
내딛겠다고 다툰 닐 암스트롱과 버즈 올드린처럼…

이 범죄는 어느 나라의 법을 어긴 걸까? 달의 법일까?

장 피에르, 내가 지금 당신의 머리에 킥을 날리면, 나는 지금 이 프로그램이 방영되는 방송사의 법을 위반하는 걸까요?

얼마 후…

서크릿 스토리

더 알아봤어야 했는데…

II

여자들이 하는
생리란 뭘까?

박사님께

생리가 뭐예요?

장뤽 멩겔송(13세)

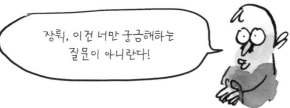

장뤽, 이건 너만 궁금해하는
질문이 아니란다!

성인 남성들에게 물어보았다. 13세 때 생리를 뭐라고 생각했느냐고.

미카엘 S.

발정 난 암캐를
떠올렸어요.

한 달 동안 카펫에
핏방울을 뚝뚝
떨어뜨리고 다니는 거랑
똑같은 거잖아요.

그렇지 않아요?

여자는 주기적으로 피를 많이
쏟나 보다 생각했어요.

그래서 여자들이
어떻게 아직도
살아 있는지
궁금하다니까요!

이브 B.

139

소년은 소녀가 여자로 성장하면서 무슨 일이 일어나는지 이해하기 쉽지 않다.
어린 시절, 소녀의 감정은 쉽게…

…예측할 수 있었다.

그때가 좋았다.

그러다 중학교 1학년(빠르면 초등학교 5학년)이 되면서 아무 말도 하지 않으려고
한다.

남자들은 전혀 이해하지 못한다.

141

남성은 지속적으로 정자를 생산하기 때문에 호르몬이 분비되는 수치가 매우 단순하다. 다시 말해, 호르몬 수치 편차가 심하지 않다고 볼 수 있다.

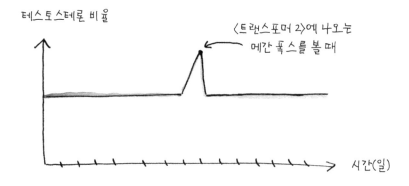

여성은 다르다. 분비되는 호르몬이 다양하고 분비량도 제각각이어서 기분이 수시로 바뀐다.

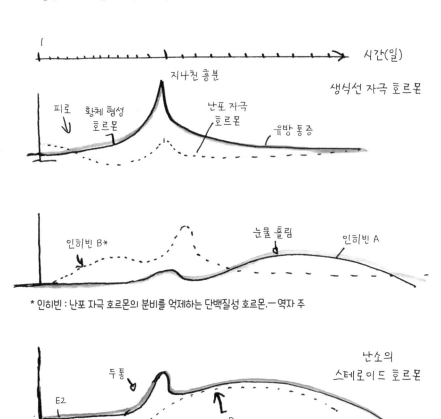

무슨 말인지 전혀 모르겠다고? 당연하다. 이런 걸 이해하려면 산부인과 지식이 필요하니까. 여성에게는 잠재적 수정을 준비하기 위해 여러 호르몬이 주기적으로 분비된다는 점만 기억하면 된다.

여성은 난자를 지속적으로 한두 개쯤 남겨 두지 않는다. 정자가…

…들어올 때까지. 그 이유는 무엇일까?

그 방법이 확실하고 효율적이기 때문이다!

아직도 이해가 안 된다고? 그럼 쉽게 설명해 보겠다. 여성의 생식 기관은 무인 자전거 대여 서비스와 비슷하다.

* 난소 : 여성의 생식 기관. 난자와 여성 호르몬(에스트로겐, 프로게스테론), 남성 호르몬 (테스토스테론)을 분비한다.—역자 주

뇌는 다달이 난소에 문자 메시지(=호르몬)를 보낸다. (아래의 암탉 그림을 참조하라.)

난소는 2주 동안 알을 준비하면서 자궁에 호르몬을 보내며…

…이렇게 알린다. "아기 방 준비!"

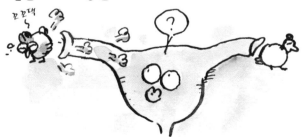

그러면 자궁은 신이 나서 방을 꾸민다.

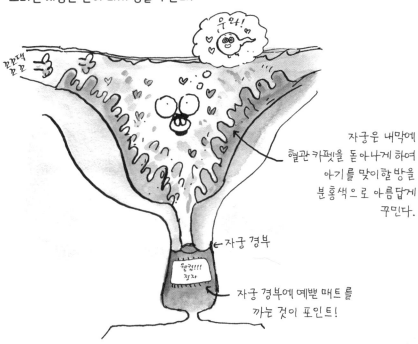

자궁은 내막에
혈관 카펫을 돈 아나게 하여
아기를 맞이할 방을
분홍색으로 아름답게
꾸민다.

자궁 경부에 예쁜 매트를
까는 것이 포인트!

마침내 13~14일이 지난 뒤 배란, 그러니까 난소가 달걀(=난자)을 내놓으면…

…난자는 수란관으로 떨어진다.

배란기는 여성 호르몬 분비가 최고조에 이르는 기간으로, 여성적인 매력이 폭발한다!
이때 여성은 안색이 좋아지고 활기차게 변한다.

하지만 배란기가 영원히 지속될 수는 없다. 사실, 배란이 끝난 난소는 황체를 형성하는
'황체기'를 맞으며, 황체는 호르몬(프로게스테론)을 분비하며 수정을 준비한다.

수정되지 않은 경우, 황체는 쇠퇴하고 난자는 급격히 기능을 잃는다.

그러면 자궁이 꾸며 놓았던 카펫, 즉 조직과 붉은 분비물로 이루어진 내막이 벗겨져서 질구로 출혈하는데 이것을 바로 월경, 일명 생리라고 한다.

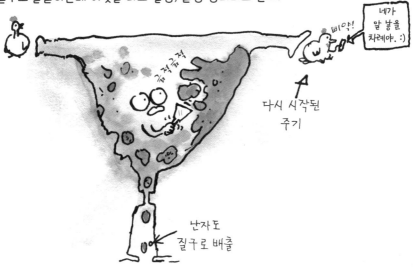

난자가 정자를 만나 수정란이 되었더라면 혈관이 많은 튼튼한 자궁 내막은 완벽한 사랑의 둥지가 되어 주었을 것이다.

이 과정은 매우 복잡한 호르몬 변화를 거치기 때문에 생리 전에 통증을 느끼는 여성도 있다.

이것이 '생리 전 증후군'이다.

통증은 생리 중에도 느낄 수 있으며…

…생리 후까지도 느껴지곤 한다.(월경 간 통증 증후군)

1971년 하버드대 심리학 교수 마사 매클린톡은 친한 여성끼리는 생리 주기가 비슷해진다는 연구 논문을 발표했다.

장릭, 조심해. 너희 반 여학생들이 동시에 배란을 할지도 모르니까.

이 말은, 같은 반 여성들이 생리를 동시에 할 수도 있다는 뜻이다.

하지만 캘리포니아의 두뇌행동조사센터의 연구에 따르면, 한 집단의 여성들이 동시에 생리를 하는 이유는 집단을 지배하는 여성의 생리에 주기를 맞추려는 현상이라고 한다.

남성들이여, 이제 다 알게 되었다!
만족스러운가!?

미카엘 S

고맙습니다, 교수님!
우리 집 암캐가 어떻게 살아가는지
잘 알게 됐어요. 이제 우리의
암묵적 동조가 더욱 견고해졌어요!

박사님 설명 덕분에
이성에 눈뜨게 되었습니다.
그림이 너무 잘 그려져서 기뻐요!

···박사님 덕분에 창작력이 불타올라요!

음, 잘
그려졌군!

덕분에 순수함을
잃었어요.
고맙네요!

12

말을 해부해 보자

여성과 말은 공통점이 많다.

1. 자연에서 먹잇감이다.

2. 머리카락을 (엉키지 않게) 자주 빗어야 한다.

3. 발에 관심이 많다.

4. 그리고 결정적으로, 남성이 결코 이해할 수 없는 부분이 많다!

그러니까 지금부터…

조랑말에 대해
자세히 알아보자.

말을 구성하는 여러 부위를 크게 두 부위로 나누어 살펴보자. 배 그리고 다리.

1. 배

말은 동물계에서 가장 강하다고 알려진 특별한 근육을 갖고 있다. 바로 식도 괄약근이다.

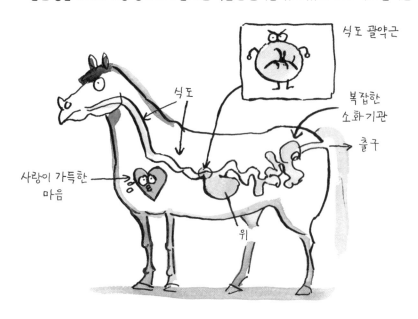

식도 괄약근은 위의 입구에서 먹이가 통과하도록 열렸다가 닫히는 근육을 말한다.

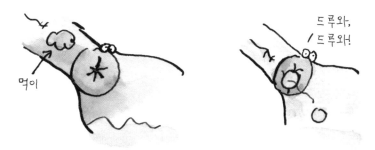

말의 식도 괄약근은 어찌나 강력한지 근육질 액션 배우 빈 디젤을 단숨에 먹어 치울 수 있을 정도다.

그래! 식도의 항문이라고 생각하면 된다.

'식도 괄약근'은 어떻게 빈의 친구가 되었나

빈 디젤은 다음과 같이 밝혔다.
"제가 이렇게 말했죠.
'식도 괄약근, 너 항문이구나!'
우리는 껄껄 웃고 베스트프렌드가
되었어요."

이 괄약근의 문제는 먹이를 식도로 다시 내보내지 못하게 막는다는 점이다. 따라서 말은 절대로 토하지 않는다. 그래서 배탈이 나면 상황이 심각해진다. 복통 때문이다!

157

적자를 면치 못하고 있는 포니 클럽이 프랑스의 암적 존재이듯 말에게 복통은 굉장히 위험하다.

그림 A : 비주가 설사한 저주받은 날

이때 자칫 말이 죽을 수도 있다. 괄약근과 위 중에서 위가 먼저 굴복하기 때문이다.

항문 이야기를 계속하다 보니 다음과 같은 이야기가 생각난다.

본명을 밝히지 않은 클로에 V-L이 들려준
말 이야기다.

말이 물에 뛰어들면,
항문을 통해 몸속으로
물이 들어가서 익사할 수도
있습니다.

클로에의 이야기대로 상상해 보자. 클린트 이스트우드*가 말을 타고 달리는데 갑자기
강이 나타났다.

따가닥
따가닥 악당들이
쫓아온다!

젠장!
아무것도
안 보이는데!

* 클린트 이스트우드 : 미국의 영화배우이자 영화감독.—역자 주

클린트를 태운 말은 용감무쌍하게 물속으로 뛰어들었다.

풍덩!

앞으로 가,
스키피!

그러다 갑자기…

…이런 비극이!

말의 괄약근은
아주 강력하기
때문이다.

2. 다리
망아지는 성장한 말의 다리를 기준으로 90퍼센트가량 다리가 자란 상태로 태어난다.

여친이 원하는 게
바로 이거 아닐까요,
피에르?

아기 조랑말은 어떨까?

아기 조랑말은 태어난 지 한 시간이 지나면 걸을 수 있다!

괴물이다!

여친이 이 의견을 모두 감안하고도
당신에게 감탄하지 않거나…

…동물 성애에 대한 환상에서
헤어나지 못한다면…

…피에르의 여친에게 남은 일이라곤 미주리 태생의 미국인 조지 윌러드와 같은
길을 가는 것뿐이다.

조지는 자신의 조랑말 픽셀과 합법적으로 결혼한, 특이한 이력이 있다.

원래 조지는 아내와 아이들과 함께 평범하게 살아가던 남자였다. 그런데
도대체 그에게 무슨 일이 일어난 걸까?

욕망의 대상이 빗나가…

…조지는 말에게 관심이 쏠렸고…

…애마 픽셀에게
애정을 쏟기 시작했다.

물론 합법적으로, 조지는 픽셀과 성교를 가졌다.

 13

숙취는
어떻게 생길까?

완전히 숙성되다 못해 썩어 가는 과일은 알코올을 생성할 수 있다.

노란 살구

20일 뒤, 수명을 다한 살구

진동하는 알코올 냄새

효모는 자연에 보편적으로 존재하며, 열매가 썩는 과정에서 어김없이 나타난다.
썩은 고기 냄새를 맡고 나타나는 재칼처럼.

대체로, 효모는 당분을 먹고 알코올로 변하는데, 이를 발효라고 한다.

영화 <매트릭스> 속 사이버 공간에 사는 이들에게 발효는 아래 그림처럼 보일지도
모른다.

발효된 열매를 먹은 동물은 알코올에 중독될 가능성이 있다. 아래 그림은 발효된 열매를 먹은 새를 살펴본 것이다.

* 3천만의 친구들 : 동물보호단체 프로그램.—역자 주

곤충도 알코올에 중독될 수 있다.

몸집이 큰 동물은 알코올에 잘 중독되지 않는다. 발효된 과일을 아주 많이 먹어야 하기 때문이다.

육식 동물은 절대 그럴 일이 없다. 술에 취한 새를 잔뜩 잡아먹는다면 몰라도.

인간과 동물은 알코올의 1차 효과(기분 좋게 느껴지는 정도)를 즐긴다.

반면, 알코올의 1차 효과가 지나가고 나면…

이런 상태까지 되지 않더라도 특이한 불쾌감이 지속되는 증상이 바로 '숙취'다!

1차 효과만 있다면 괜찮다. 하지만 2차 단계에서는 알코올이 혈액에 전달되어 신경 세포를 엉망진창으로 만든다.

알코올은 뇌하수체도
엉망진창으로
만든다.

그리고
바소프레신 생성을
방해한다.

바소프레신은
항이뇨 호르몬이다.
따라서 맥주를 마시면 소변을
보고 싶어진다.

항이뇨 호르몬이 생성되지 않으면, 신장은 마신 물을 몸속으로 흡수하는 대신…

…곧장 방광으로
보낸다.

이따금, 술을 많이 마시고
다음 날 아침에 깼을 때
필름이 끊긴 듯 전날
저녁의 일이 전혀
기억나지 않는 블랙아웃
상태가 되기도 한다.

1970년, 미국 연구원들은 알코올이 기억을 저장하는 해마에 어떤 영향을 미치는지
알아보려고 피험자 10명에게 폭음하게 한 뒤, 기억을 잃는지 조사했다.

실험은 며칠에 걸쳐 진행되었다.
1일째 : 정신의학과 검사

2일째 : 모든 피험자가
체내 알코올이 해독된 상태가
될 때까지 내버려두었다.

3일째 : 피험자들에게 4시간 동안 43도 버번위스키 반 리터를 마시게 했더니,
체중 1킬로그램 당 순수 알코올 2.4그램이 체내에 흡수되었다. 연구원들은 이들을
30분마다 실험했다.

에로틱 영화도 보여 주었으며…

이어서 간단한 수식을 계산하게 했다.

4일째 : 피험자들이 전날 했던 일 가운데 무엇을 기억하는지 살폈다. 그중 5명은 아무것도 기억하지 못했다. 심지어 영화를 본 것조차. 실험하는 동안 그들은 수면에 빠져 있었기 때문이다.

연구원들은 알코올을 가장 늦게 소화하는 이들이 건망증 증세를 보인다는 결론을 내렸다.

인간과 동물은 큰 차이가 있다. 동물은 알코올에 취하면 너무 멀리 이동하지 않으려 한다. 어쨌든 다른 환경에 적응하지 못하면 빠르게 자연 도태되기 때문이다.

야생에서 알아주는 주당은 붓꼬리나무두더지로, 밤마다 야자나무에서 천연 발효된 과즙을 섭취해도 활동에는 전혀 영향을 받지 않는다.

붓꼬리나무두더지는 밤마다
2시간가량 알코올이 3.8퍼센트가
함유된 이 과즙을 섭취한다.

붓꼬리나무두더지의 체내 알코올 흡수량은 1.4그램(킬로그램 당)으로 올라간다. 이는
성인 여성이 12시간 동안 맥주 약 9잔을 마셨을 때 측정되는 수치와 동일하다.

붓꼬리나무두더지는 술에 취한 티가 나지 않는다. 원인은 알 수 없다.

14

십대는 왜 무기력해 보일까?

콧수염 박사님께
다들 십대가 되면
왜 그렇게 못되게 굴고
짜증을 내죠?

마리-프랑수아즈

누구든 아기였을 때는 짜증을 내고 못되게 굴어도 귀엽다는 이유 하나만으로 모두 용서받았다.

좀 더 큰 뒤에도 아이들은 고약하게 굴 수 있다. 아직은 아무것도 모르는 철부지이기 때문이다.

어서, 뽀뽀해 드려!

안녕, 까꿍!

(…그리고 귀여워 죽겠다.)

넌 말이야, 입을 벌리면 꼭 그렘린* 같구나!

귀여운 그렘린이 어떻게 되는지 알지? 전자레인지에 들어가서 터지잖아.

* 그렘린 : 영화 <그렘린>에서 기계에 고장을 일으키는, 역대 가장 사랑스러운 괴물 기즈모의 이름. ─역자 주

그런데 이상하게도 십대가 되면 아무 짓을 하지 않아도 너그러운 마음을 전혀 불러 일으키지 않게 된다.

게을러 터져 가지고! 네 나이 때 나는 열두 명이나 되는 동생들에게 우유도 먹였어!

그러다 신체에 변화가 오는 사춘기를 맞는다. 교사들은 보기 민망한 시각 자료를 사용해 학생들에게 신체 변화를 상기시킨다.

너희 신체는 이렇게 변화한다!

털
털
털
털
두꺼비

질문 있는 사람?

사춘기의 첫 번째 변화는 키가 자란다는 점이다. 6세까지는 여아와 남아의 키가 비슷하다.

10세부터는 몇 년 사이에 키가 25센티미터 정도 훌쩍 자란다. 물론 신체의 각 부분은 저마다 다른 시기에 다른 비율로 성장하며, 개인차도 있다.

소녀의 경우 :

8세   10세 다리 성장   14세 척추 성장   18세 골반 성장

소년의 경우 :

8세부터 10세까지   12세부터 손과 발이   …이어서 다리가 자라고
아무 변화 없다가…   성장하고…   마지막으로 등과 얼굴 성장

그렘린의 경우 :

10시간 뒤…   16시간 뒤…   18시간 뒤…

신체 내 모든 기관의 성장을 통제하는 역할은 뇌, 그중에서도 소뇌가 맡고 있다.

소뇌는 어린이의 신체를 관리하는 몇 년 동안은 수월하게 역할을 한다. 운동 기능 조절, 최적의 지구력, 최상의 유연성 등에는 소뇌가 숙달되어 있기 때문이다.

그러다 갑자기 10세 때, 아무 예고도 없이 성장 속도가 정점에 이른다!

마치 하루아침에 전자오락실에서 NASA의 조종석으로 이동한 것처럼 신체가
급격히 변화한다.

윈도우 2에서 맥 프로를
실행하는 것과 같다.

그래서 이 시기의 십대는 서툴고, 게으르고, 칠칠치 못하다. 따라서 십대는 잘못이
없다. 굳이 따지자면 중력의 새로운 중심이 어디인지 몰라 헤매는 소뇌 탓이다!
그렇다고 해서 교사들이 십대 학생에게 운동을 무리하게 시킨다는 말은 아니다.

185

성장기의 근육은 뼈만큼 빨리 자라지 않는다. 근육 강도와 유연성 통제력이 일시적으로 감소하면 고통을 덜기 위해 널브러지게 된다. 이때 가장 편안한 의자의 등받이 각도를 기하학적으로 따져 보면 정확히 127°가 된다.

의자

소파 침대

짐볼 운동
(마일리 사이러스
다리 운동 참조)

재미있는 우연의 일치가 얼마나 많은지! 이쯤 되면 127°는 황금비라고 할 수 있다.

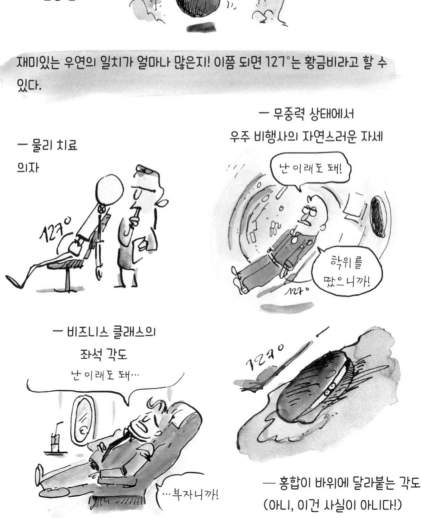

— 물리 치료
의자

— 무중력 상태에서
우주 비행사의 자연스러운 자세

난 이래도 돼!

학위를
많으니까!

— 비즈니스 클래스의
좌석 각도

난 이래도 돼…

…부자니까!

— 홍합이 바위에 달라붙는 각도
(아니, 이건 사실이 아니다!)

교사가 학생의 자세를 나무랄 때, 다음과 같이 대답한다면 과학적인 학생이라 할 수 있다.

이해받지 못한 십대는 답답해한다! 하지만 그럴 수밖에 없다. 청소년기에는 소뇌와 마찬가지로 전두엽도 거의 성장하지 않았기 때문이다.

전두엽은 뇌가 (합리적인) 결정을 내리고 (현명한) 선택과 (분별 있는) 예상을 할 수 있게 한다.

똑같이 단순한 과제를 맡더라도 십대의 전두엽은 성인보다 훨씬 노력해야 한다. 성인과 십대를 가장 확연히 구별하는 신체 일부가 바로 전두엽이라 할 수 있다.

부모와 십대 자녀가 싸울 수밖에 없는 이유가 여기에 있다! 전두엽이 성장하고 있기 때문이다! 신발 사이즈가 바뀔 만큼 발이 커졌는데 다른 신체 변화는 또 얼마나 많을까!

잠깐,
이게 다가 아니다.

전두엽 뒤쪽에는 청소년기에 성장이 지연되는 트리오가 있다. 분노, 스트레스, 감정을 담당하는 편도체(A)와 갈증, 배고픔, 사랑을 담당하는 중뇌의 복측피개부(VTA) 그리고 감정과 보상을 담당하는 중격의지핵(NA)이다.

편도체, 복측피개부, 중격의지핵, 이 셋은 뇌에 있는 보상 회로다. 사춘기에 마약을 복용하거나 술을 섭취했을 때 문제는 뇌 속의 보상 회로 부위가 특히 더 자극되어 충동을 조절하지 못하고…

…위험한 짓을 저지르거나…

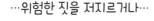

…금단의 맛에 현혹될 수 있다.

그럼 의문이 생길 것이다. "바보 같은 짓을 하는 것 말고, 뇌의 보상 회로라는 게 뭐에 쓰는 거죠?" 사실 꽤 쓸모가 있다. 특히 미지의 연인을 찾으러 가족을 떠날 용기를 내는 데 유용하다.

십대였던 잔 다르크가 위험을 무릅쓸 용기를 내지 않았다면 길을 나설 수 있었을까?

그리고 기 모케*에게 성인의 중격의지핵이 있었다면 집에 있지 레지스탕스에 들어가지 않았을 것이다.

* 기 모케 : 레지스탕스로 활동하다 17세에 총살당했다.—역자 주

가끔 모험을 갈망하는 십대가 그 욕망을 어떻게 충족해야 좋을지 몰라 문제가 발생한다.

감정 폭발은 시작에
불과하다.

이런 십대들을 위해 만든 게 바로 비디오 게임, 고카트 경주 아니면 페인트볼이다.

이 대뇌 영역은 소녀보다 소년이 더 느리게 성장한다.

대뇌는 20세에서 25세에 성숙한다. 이 나이가 되면 더 신중해지고 아이들을 돌볼 수 있을 정도로 차분해진다.

어른들이 십대를 거칠다고 생각하는 이유는 아마 여기에 있을 것이다. 5년에서 7년 동안 아이의 눈에 비친 어른은 다음과 같았다.

그러던 어느 날… 십대가 되면서 어른에 대한 모든 환상이 깨진다. 와장창!

사실,
섭대 아이들이
고약한 게 아니라…

결국에는
변하는 게
정상이지…

어른들이 철부지였던
자신의 어린 시절을
아쉬워하는 것일 수도 있다.

쿨쿨

노인들을 설득하려면…

둥둥! 두둠둥! 둥치 두둠둥!

…이 야생아가
위험하지 않다는 걸
증명하는 수밖에!

증명해 보이죠!

읍!

어휴! 입 냄새!

15

변태적인
동물(1)

박사님께
곧 여름이에요, 해변
그리고 맛있는 갑각류…
여자 친구를 만들…
확실한 방법은 뭐가 있을까요?

팟

동물 가운데 변태를 꼽으라면 바나나민달팽이를 들 수 있다. 바나나민달팽이라는
이름은 노란 몸 색깔과…

…몸길이의 두 배가 넘을 만큼 아주 긴 성기 때문에 붙여졌다.

바나나민달팽이는 암수가 한 몸인 자웅동체다.

골머리를 앓을 문제는 이뿐만이 아니다!

더 정확히 말하자면, 바나나민달팽이는
성기가 목에 붙어 있기 때문에 팬티를
머리에 착용해야 한다.

이런 생김새 때문에
당연히 발기된 상태를
숨기기가 어렵다.

내 마음에 쏙 드는군,
클로드-프랑수아즈!

그래 보여,
피에르-이베트!

바나나민달팽이는 자웅동체이기 때문에 짝짓기를 할 때는 서로 침투하며, 성기가
더 큰 쪽이 상대에게 박혀서 꼼짝하지 못한다.

아야! 아야! 아야! 아야아야아야아악!!

너무 세잖아.
살살 좀 하지
그래…

자는 애들도
있는데!

부끄러운 일이다! 다음 날 일하러 갔을 때 어떤 상황일지 상상해 보라!

침투당한 바나나민달팽이가 상대의 성기를 뜯어먹는 것이다.

몸 색깔이 광대 같아 **클라운피시**라고 불리는 흰동가리다.

흰동가리는 영화 <니모를 찾아서>로 유명해지면서 '니모'라고 더 자주 불린다. 별명이 참 많기도 하지!

클라운피시는 열대 지방에 서식하는 말미잘인 아네모네와 공생하면서 암컷 한 마리와 수컷 여러 마리가 무리를 지어 산다. 서열은 크기에 따라 정해진다. 암컷이 가장 크며 두 번째로 큰 것이 번식용 수컷이다.

암컷이 죽으면, 암컷 다음으로 서열이 높았던 번식용 수컷이 스스로 성전환을 하여 암컷으로 변해 알을 품는다.

니모가 도망쳐 나가면 아빠—엄마도 예민해진다.

이번에는 껍데기가 있는 작은 낙지인 집낙지 이야기를 해 보겠다!

집낙지도 기괴하기 짝이 없다! 머리가 기괴하다는 말이 아니다!

집낙지 수컷의 번식 기술은
소심한 남성들에게 이상적인 방법이라
할 수 있다.

수컷 집낙지의 크기는 암컷보다 5배나 작다.

난…
못…
…하겠어!

그래서 수컷 집낙지는
마음에 드는 암컷에게…
자기 성기를 작살처럼
분출한다.

퍽

슝!

아무튼 감정적인 면에서 보자면
조금 실망스러운 방법이기는 하다.

아무것도
못 느끼겠어!

덧붙이자면… 로맨틱하지도 않다.

아하! 장-피에르!
대신 조준이
기막히네!

제제처럼
내 눈으로만 날리지
않으면 되지, 뭐!

임사 체험이란?

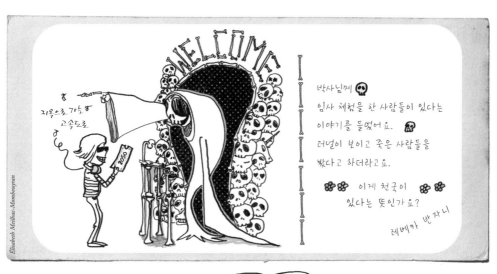

이런 건 임사 체험이나 근사 체험이라고 할 수 없다.

임사 체험은
죽어 가면서…

…생사의 갈림길에
놓여 있을 때
여러 가지 일을
체험하는 것이다.

제럴드 웨어리 박사는 임사 체험을 5단계로 나누었다.

1. 마음이 평온해지고 행복해진다.

2. 물리적 육체와 분리되는 유체 이탈을 경험한다.

3. 어두운 터널 같은 곳으로 들어가고, 이미 죽은 자들을 본다.

4. 터널을 나와 강렬한 빛 속으로 날아간다.

5. 자신의 삶이 주마등처럼 스쳐간다.

빛의 터널을 통과하는 것이 환생이라고 말할 사람은 아무도 없을 거다.

그럴 리는 없다. 아기는 눈을 감고 태어난다. 설사 아기가 눈을 뜨고 있다고 해도 얼굴이 자궁벽 쪽을 향한 상태로 어머니의 배에서 나오지…

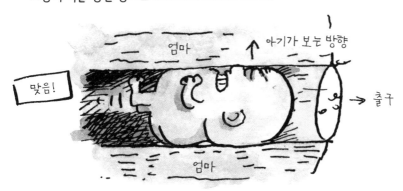

…워터 슬라이드를 타듯 볼거리 다 보면서 나오는 것이 아니다.

게다가 아기의 뇌는 눈과 마찬가지로 아직 미성숙한 상태라서 봤다고 해도 기억으로 저장하지 못한다.

임사 체험에 회의적인
심리학자 수잔 블랙모어는
임사 체험이 순전히
신경학적 징후로,
뇌 경련에 의한
거짓 기억일 뿐이라고
반박한다.

뇌의 시각 피질에 이르는 신경 세포는 눈자위보다 눈의 중심부인 눈동자에 더 많이
분포하고 있다.

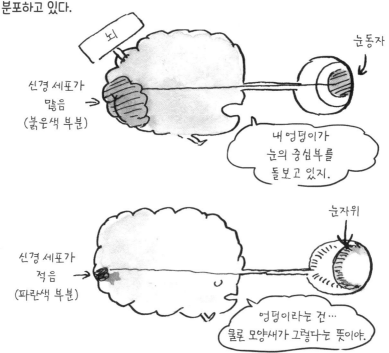

이 모든 신경 세포에 산소 공급이 차단되면, 예를 들어 심장 마비가 일어났다고 치자.
이때 눈동자보다 눈자위의 신경 세포가 먼저 파괴된다.

214

산소 공급이 원활할 때 터널을 보는 현상은 두 가지 상황에서 일어날 수 있다.

눈을 속일 수 있다는 건 감각도 속일 수 있다는 뜻이다. 임사 체험을 하는 사람은 유체 이탈이 일어나는 것 같고, 담당 의료진을 봤다고 느낄 수 있다.

2007년경, 잰 홀든 박사는 생명이 위독한 환자가 유체 이탈로 허공에 떠서 내려다 보았을 때만 보이도록 수술실 선반 곳곳에 모니터와 사진을 배치해 놓고 심장 마비 환자들을 추적 조사했다.

이 중 살아남은 한 환자는 수술실에서 벌어졌던 상황과 내려다보아야만 보이는
선반 위의 사진을 설명했다.

하지만 이 경우는 결정적인 증거가 되지 못했다.

나를 엉터리라고 해도 좋아! 난 분명히 봤으니까.

꿈 1318 : 베컴과 함께 물레를 돌리는 꿈이 사실이길.

17

이과 지원자의 정신이 멀쩡하다고?

나는 해마다 치러지는 바칼로레아 시험 문제를 출제하면서, 솔직히 가학적 기쁨을 느낀다.

하지만 그 기쁨은 금방 사라진다!

아무튼 나도 겪어 봤기에 이 어린아이의 눈물겨운 질문에 답하기로 했다.

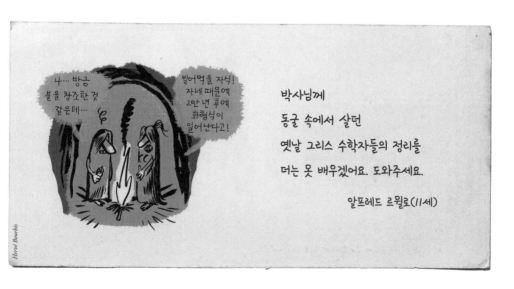

박사님께
동굴 속에서 살던
옛날 그리스 수학자들의 정리를
더는 못 배우겠어요. 도와주세요.

알프레드 르뮐로(11세)

219

학생들이 좋아하는 스타가 있는 것처럼…

…교사들도 좋아하는 유명인이 있다. 대체로 오래전에 사망했고, 수염이 있다.
다음은 초등학교 5학년의 경우를 예로 든 것이다.

아하? 교사들의 고릿적 우상을 비웃지 말라고? 답답하긴! 학교에서 가르치는
피타고라스를 예로 들어 보자… 피타고라스가 완전무결한 할아버지인가?
글쎄올시다!

학문의
분필

박식의
곱슬머리

지혜의 수염

뜨거운 학구열의
직각 삼각형

조용한
힘의 토가

엄격함의 샌들

지식의 발판

무슨 헛소리! 당대에 피타고라스는 존경받았지만 공포의 대상이기도 했다.
피타고라스는 수학이란 지식인만을 위해 존재한다고 생각했다. 그러니 지식인이
아닌 이들은 무지에 빠져 사는 수밖에.

아베*!
무식한 자들!

하하하! 무지한 자들 같으니!
내가 부럽겠지. 나는 마차도 있고, 직각
삼각형에 관한 문제라면 모르는 게
없는 사람이니까! 하하하!

아베!

* 아베 : 인사말. — 역자 주

셀로파네스가 그러는데
피타고라스 스승님은 팬티를 안 입는대.

이부프로페네스,
우리도 다
그렇잖아!

221

피타고라스가 끼친 영향력에 비해 그의 생애는 거의 알려지지 않았다. 어느 전기 작가는 피타고라스가 뱀에 물려 죽었을 거라고 주장하기도 했다. 이런 설은 교과서에 결코 실리지 않는 내용이다.

그렇지만 오늘날, 피타고라스의 정리는 중학교 때 배운다.

피타고라스, 계속 그렇게 부루퉁해 있으면 당신이 두려워하는 게…

…강낭콩이라고 까발려 버린다.

그리스 철학자 포르피리오스는 피타고라스가 콩깍지와 고환이 비슷하게 생겨 콩을 기피했다고 전했다. 콩깍지가 지옥의 문과 비슷하게 생겼고, 깍지를 열면 지옥의 영혼이 빠져나온다고 믿었다는 설도 있다.

어느 날,
크로토네에 있는
집에 불이 나서
도망치던
피타고라스는…

…콩밭을 맞닥뜨리고 말았다!

두려워서 콩밭으로 도망치지 못한
피타고라스는 방화범들에게 붙잡혀
살해되었으니… 피타고라스가
마지막으로 무슨 생각을 했을지
신은 알까!

나중에 배우게 될 뉴턴 이야기도 들려주겠다…
뉴턴은 수염을 기르지는 않았어도 구불구불한 머리는 아름다웠으며,
남에게서 받는 위협에 극도로 민감한 성격이었다.

과학 선생님이 학생들에게 절대로 말하지 않을 정보를 하나 알려 주자면, 뉴턴은
온갖 실험에 몰두하다 정신 상태가 극도로 쇠약해져서 정신과 병원에 입원할
정도였다.

이 송곳 바늘을 눈과 뼈 사이에
박아 버리면 잘 보일 거야…

1662년 4월 2일
일기 : 내가 바보 같은
것을 저질렀다…

뉴턴은 태양이 시각에
어떤 영향을 주는지 연구하기
위해 할 수 있는 만큼 오랫동안
태양을 뚫어지게 쳐다보는
실험도 했다.

아아아아아아아악!

그래서 시력을 회복하기 위해 사흘간 암실에 머물러야 했다.

1662년 7월 2일 :
이런! 바보 같은 것을
또 저질렀다!

이런 일화가 있다고 해서 뉴턴을 바보라고 생각한다면 오산이다. 뉴턴은 중력과 미적분을 발견했으며, 독실한 기독교 신자로 그리스도의 강림 날짜를 계산하려고 노력하기도 했다.

* 데살로니가후서 2:3, "그리스도의 강림은 멸망의 아들이 나타나기 전에는 이르지 아니하리라."—역자 주

그 외에도 뉴턴이 연금술에 심취해 실험을 하다가… 수은에 중독되었다는 설도 있다.

게다가 뉴턴이 나무에서 떨어지는 사과를 보고 만유인력의 법칙을 밝혀냈다는 이야기는 꼬치꼬치 캐묻는 한 학생에게서 벗어나려고 내뱉은 말에 지나지 않았다.

이 멍청한 학생은 뉴턴의 의중을 알아차리지 못한 게 틀림없다. 그 뒤로 뉴턴이 명상을 하던 사과나무는 전설이 되었다.

이래도 과학 공부를 계속하고 싶다면 반물질을 제안한 폴 디랙 이야기를 들려주겠다.

소심한 성격을 등급으로 나누면, 디랙의 경우는 다음과 같다.

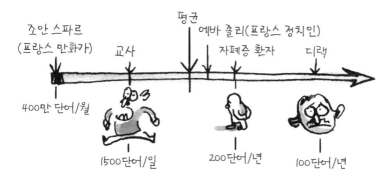

227

1928년, 디랙은 아인슈타인의 특수상대성이론과 양자 역학을 결합해 만든 방정식을 발표했다! 이 공로로 1933년 노벨상을 수상했는데… 소심하기 그지없는 디랙은 상을 받으러 갈 때 어머니와 동행해야 했다.

디랙은 물리와 쇼팽, 미키 마우스를 좋아하는 천재이자 아스퍼거 증후군 환자였을 가능성이 크다.

디랙은 미쳤다고 볼 수 없지만, 토마스 딕은 완전히 미친 과학자였다!

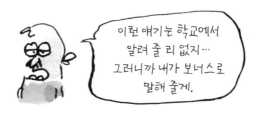

19세기의 성직자이자 과학자였던 토마스 딕은 이름도 웃기지만, 달에 주민이 있다고 가정하며 달의 인구 밀도가 런던의 인구분포도와 같다고 추정했다.

토마스 딕은 내친 김에 우주의 주민 수까지 추정했다.

229

18

변태적인
동물(2)

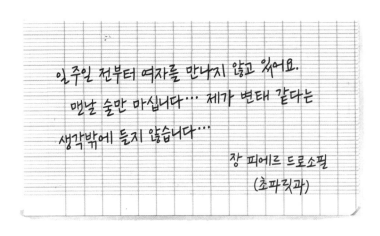

장 피에르, 미안하지만 당신의 변태 수준은 딱정벌레에 기생하는 진드기인 아카로페낙스 트리볼리의 발뒤꿈치도 못 따라갑니다.

그렇다. 클로딘은 난잡하다. 클로딘의 어미가 클로딘과 형제자매를 수태했을 때
몸속부터 살펴보면 이 사실을 확인할 수 있다!

클로딘은 어미 배 속에 있을 때 이미 아주 천연덕스럽게 형제와 짝짓기를 해서 수태한
상태로 세상에 나온다.

그러던 어느 날, 어미의 배가 터진다.

이때 살아남은 암컷은… 수컷이 죽게 내버려둔다. 아무튼 어미 배에서 나온 암컷은 이미 수태한 뒤이기 때문에 더는 수컷이 필요 없다.

변태적인 행위를 하는 또 다른 동물은 1900~1913년경 영국의 남극 탐험대 대원 조지 머리 레빅이 오랫동안 관찰한 끝에 아델리펭귄을 짝짓기 행위를 포착하면서 파헤쳐졌다.

수컷 아델리펭귄은 아내 펭귄을 다른 수컷들과 짝짓기를 하게 보내고, 그 대가로 안락한 둥지를 만드는 데 필요한 돌을 받았다. 참고로 아델리펭귄은 더 많은 돌을 차지하기 위해 싸움을 벌일 만큼 탐욕스럽게 돌을 모은다.

조지 머리 레빅이 남긴 (문란한 성생활이 너무 충격적이어서 약 1세기 동안 숨겨 왔던)
기록 덕분에 수컷 아델리펭귄이 기둥서방 노릇을 한다는 점 말고도 약간 미치광이라는
사실도 알게 되었는데, 그 이유는 바로…

…혈기 왕성한 수컷 펭귄이 눈을 반쯤 감은 채 죽은 암컷을 발견하면…

…발정 난 암컷인 줄 알고 성욕을 채우기 때문이다.

조지 머리 레빅은 엄청난 충격을 받았다!

지지리 운도 없지. 게잡이바다표범은 서로 격하게 물어뜯으며 짝짓기를 하다가…

…결국 피투성이가 되어서야 끝난다.

장 피에르 같은 초파리의 경우, 몸길이는 고작 3밀리미터밖에 되지 않으면서…

인간의 정자보다 천 배나 길고, 몸길이보다도 20배나 더 긴 58밀리미터짜리 정자를 하나씩 생산한다!

세상에! 인간으로 따지자면, 남성이 대왕고래의 몸길이와 맞먹을 만큼 기다란 정자를 생산하는 것과 같다! 그런 정자를 배출하려면 건강해야 한다.

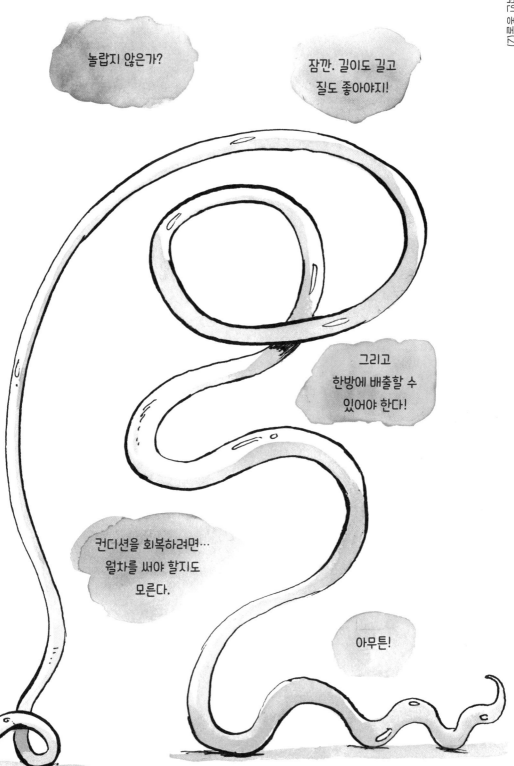

정자가 이토록 긴 이유는 암컷의 질을 가득 채우기 위함이다. 라이벌 정자가 비집고 들어갈 틈을 주지 않으려고.

이렇게 정자를 한 번 배출하고 나면 녹초가 된다. 수컷 초파리가 새로운 정자를 만드는 데는 2주가 걸린다.

바로 그래서 녹초가
된 겁니다, 장 피에르!

하지만 초파리가 변태적이라고는 볼 수 없다. 오히려 감성적이라고 할 수 있다.
과학자들은 한 방에는 수컷과 암컷을 같이 넣고, 다른 방에는 유리 칸막이로 수컷과
암컷을 분리해 넣어… 수컷을 절망에 빠뜨렸다.

나가고
싶어!!

고문 같은 시간을 보내게 한 뒤, 절망한 수컷에게 보통 먹이와 알코올(15°)이 든 먹이를
여러 빨대로 나누어 주었다.

뭐가 들어 있는
빨대를 골랐을까?

수컷 초파리는 술에 취할 거다!

갑충류, 그러니까 딱정벌레목 비단벌레아과에 속하는 곤충의 이야기다.

간단히 말하자면, 이 비단벌레는 암컷과 맥주병을 자주 혼동한다. (암컷은 점무늬가 있는 갈색이다.)

이 비단벌레는 불빛밖에 보지 않는다! 그래서 자기 성기가 부러질 수도 있지만 개의치 않는다!

봐, 이건 페기랑 나야. 우리 결혼식 사진이지!

아래는 우리 신혼여행 때 사진.

호호호!

요컨대! 장 피에르, 당신은 변태가 아닙니다. 알코올에 중독된 간이 심장을 벌렁벌렁 뛰게 하는 거니까요! ♡♡♡

그게 바로 사랑의 힘이죠, 사랑은 아름다운 거예요!

나 건드리지 마요!

우웨에엑

19

의학 드라마의 의료 처치는 믿을 만할까?

내가 의학 드라마나 영화에 등장하는 의료적 오류를 조사하기 좋아하는 건 사실이다.

하지만 이제는 의사와 간호사들이 이와 같은 의학 드라마에 불만을 쏟아내기 때문에 굳이 내가 나서지는 않는다.

의학 드라마에 불만이 가득한 의료진들이 병원 지하실에 모여 드라마를 보면서 특별 토론을 벌이고, 비서들이 그 내용을 속기하고 있다.

<닥터 하우스> 같은 의학 드라마를 보며 현직 의사들이 화가 나는 이유는 드라마 속 의사들이 걸어 다니는 백과사전이고, 환자 한 명을 최소 4인의 의료진이 풀타임으로 살피기 때문이다.

희한하게도 드라마 속 의사는 간호사 역할도 한다.

방사선과 의사의 역할도 한다.

드라마 속 잘생긴 의사들은 TV 화면에 자주 등장해도 시청자들이 질리는 법이 없기 때문인지 외과 수술도 집도한다. (할 필요도 없는 수술을 말이다.)

심지어 형사 역할에…

친구가 되어 주기까지 한다.

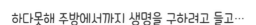

하다못해 주방에서까지 생명을 구하려고 들고…

기타 등등.

실제로 의사 뒤를 따라다니는 또 다른 흰 가운 무리는 인턴이다. (그것도 대학 병원일 때.)

그리고 간호사들이 온갖 궂은일을 도맡아 한다.

그렇지만 의학 드라마도 나름대로 많이 노력하고는 있다.

그런대로 다 잘되고 있다. 여기까지는…

그러다 갑자기, 메가톤급 드라마가 된다!

닥터 하우스가 다리 긴 거미원숭이처럼 휘적휘적 다급하게 수술실에 들이닥친 것이다.
생각이 바뀌었기 때문이다. 문제는 닥터 하우스가 아주 비위생적이라는 사실이다.

문제는 닥터 하우스가 수술 후 감염의 원인 가운데 5～10퍼센트에 해당하는 PNC*를
신경 쓰지 않는다는 점이다.

주버트의 연구에 따르면 움직이지 않는 사람은 분당 10^2PNC를 생성한다.

* PNC는 세균 군집을 형성하는 입자(0.5～30마이크로미터)를 말한다.

몸을 돌릴 때는 분당 10³PNC 생성.

팔을 들 때는 분당 10⁴PNC 생성.

수술복을 입지 않은 사람이 움직이는 데다 문이 열릴 때 들어오는 살균되지 않은 공기까지… 모두 합하면 분당 3×10⁴PNC가 생성된다!

수수께끼 : 드라마 속 의사 가운데 누가 가장 돈을 많이 벌까?

그레고리 하우스
진단 전문의

메러디스 그레이
외과 인턴에서 의사로

데릭 쉐퍼드
신경외과 의사

마크 슬론
성형외과 의사

253

일확천금을 거머쥘 의사는 안과 의사다! 드라마에서 수술을 받게 되는 환자들 가운데 4분의 3에 해당하는 이들이 눈을 보호받지 못했기 때문이다.

눈물이 없어서 각막이 말라 있는 데다 메러디스가 서툴기 때문에 수술 중에 발생하는 이물질이 환자의 눈에 들어갈 수 있다. 예를 들면…

…피나 고름…

오류 1 : 심혈관 무력증(심정지, 심부전)일 때, 심전도 그래프는 오른쪽 그림처럼 보인다.

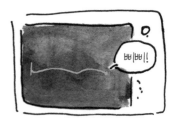

심전도 그래프가 일직선인 경우*는… 심전도 측정 기기가 환자에게 연결되지 않았을 때 나타난다.

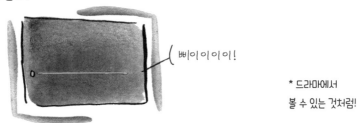

삐이이이이이!

* 드라마에서
볼 수 있는 것처럼!

이때 의사는 환자에게 자동 제세동기로 심장에 '충격'을 주기로 결정한다. 바로 이 지점에 또 다른 의학적 오류가 등장한다…

오류 2 : 제세동기의 판을 맞대어 문질러서는 안 된다. 아무 소용없을 뿐만 아니라 기계를 망가뜨리는 짓이다.

오류 3 : 심혈관 무력증일 때는 심장이 이미 쇠약해진 상태이기 때문에 심근 수축 처치를 많이 하지 않는다.

오른쪽 그림 속 그래프처럼
심장이 불안정한 리듬으로 뛸 때가
오히려 위험하다.

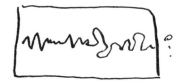

⚠️ 오류 4 : 현실에서는 위의 그림처럼 몸이 심하게 들썩거리지 않는다.
찢어진 브래지어 정도는 볼 수 있을지 모르지만 유감스럽게도 엑스트라 배우의
멋진 곡예 같은 행동 연기는 볼 수가 없다.

끝으로, 의학 드라마에서는 심폐 소생술을 받은 환자 가운데 75퍼센트가 다음 날 퇴원한다.

하지만 현실에서는 금방 퇴원할 정도로 후유증 없이 정상으로 돌아오는 경우가 아주 드물다.

20

동성애가 자연의 이치를
거스르는 걸까?

일찍이 동물행동학자들은 자연계의 동성애적 행위에 주목해 왔음에도 불구하고…

몰라서든,
수치스러워서든
오랫동안 이 사실을
인정하지 못했다.

---

* 하임리히 요법 : 약물, 음식 등이 목에 걸려 질식 상태에 빠졌을 때 실시하는 응급 처치.―역자 주

캐나다 자연과학자로
콧수염이 아주 근사한
브루스 바게밀은
동물계의 동성애 행위를
관찰하고 연구하면서
그 다양성을 분류했다.

그 분류를 보면, 다양한 동성애 행위를 얼마나 섬세하게 관찰하고 미묘한 기준으로
나누어 놓았는지 알 수 있다!

1. 부드러운 동성애 행위

예 : 서로에게 허세를 부리는 수컷 새 두 마리.

2. 부드럽게 스킨십하는 동성애 행위

예 : 입맞춤하는 긴꼬리원숭이들.

3. 좀 더 과격한 동성애 행위

예 : 성기를 서로 부딪치는 행위, 일명 '펜싱'이라고도 한다.

다른 말로는 '골인'이라고도 부른다.

암컷들도 예외는 아니다.
암컷 코끼리들끼리 코로 애정 표현을 하는
행위는 드물지 않게 볼 수 있다.

4. 긴밀한 동성애 커플

특히 훔볼트펭귄의 경우, 수컷 두 마리가 돌을 마치 알처럼 품기도 한다.

동물원에서는 생물학적 부모가 버린 알을, 동성애 조류 커플에게 보내는 일이 흔히 일어난다. 뉴욕 동물원에 있는 로이와 실로 커플이 바로 그런 경우다.

수많은 동물 가운데 동성애적 행위가 관찰된 종은 1,500종이 넘는다. 원숭이를 비롯해 도마뱀, 기린, 양, 돌고래, 곤충, 파리, 독수리, 박쥐 등에 이르기까지. 더 많은 종을 연구하지 않은 이유는 관심이 없어서가 아니라, 한 종을 관찰하는 데 최소 1,000시간이 걸리기 때문이다.

…어린 사자의 경우는 욕구 불만, 경험 부족을 일시적으로 완화하거나… 유대감과 즐거움을 느끼기 위한 행동이라고 말이다.

곤충을 예로 들어 보자. 배설물을 먹는 분식성 수컷 파리는…

…다른 수컷 파리와 짝짓기를 하는데…

…사랑 때문이 아니라…

…밑에 깔린 수컷을
나가떨어지게
만들려는 것이다.

그래야 암컷이 나타났을 때 경쟁자 없이 독차지할 수 있기 때문이다.

동물행동학자들은 곤충 가운데 85퍼센트가 동성애 경향이 있다고 추정한다.

샤프 박사에 따르면, 수컷 무당벌레는 너무 급한 나머지 다른 수컷과 (말 그대로) '빠르고 지저분하게' 짝짓기를 하는 경우가 있다고 한다. 실연을 해 보자면…

추측 1:
상대방의 성별을 확인하는 데 시간을 들이느니 성별을 잘못 알고 짝짓기를 하는 편이
에너지를 덜 쓴다.

50분 25초 뒤

추측 2 :
암컷과 짝짓기를 마친 수컷의 몸에는 암컷의 냄새가 배어들었을지도 모르는데…

…수컷은 그대로 암컷 냄새를
풍기며 돌아다닌다. 요컨대,
술집에 들어갔을 때까지도
수컷에게서 암컷 냄새가 난다.

…그래서 모든 수컷의
맹목적 성욕을 자극한다.

다행히, 인간은 곤충보다 훨씬 더 썩은 후각을 지니고 있다.

271

그러니 동성애가 "지구의 균형을 지배하는 규칙에 반"하고 "기능의 일관성을 위협"한다고는 할 수 없다…

그게 아니라면…

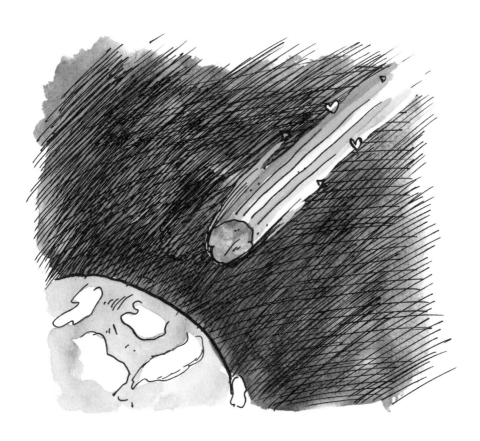

알아두면 피곤한 과학 지식 1 그래도 무식하게 죽지 말자!

초판 1쇄 발행일_2020년 2월 28일 | 초판 2쇄 발행일_2020년 9월 22일
글·그림_마리옹 몽테뉴 | 옮김_이원희
펴낸이_박진숙 | 펴낸곳_작가정신 | 출판등록_1987년 11월 14일(제1-537호)
책임편집_윤소라 | 디자인_노민지
마케팅_김미숙 | 디지털 콘텐츠_김영란 | 홍보_정지수 | 관리_오수정
주소_(10881) 경기도 파주시 문발로 314 2층
전화_(031)955-6230 | 팩스_(031)944-2858
이메일_mint@jakka.co.kr | 홈페이지_www.jakka.co.kr

ISBN 979-11-6026-809-6 04400
ISBN 979-11-6026-808-9 (세트)

이 도서의 국립중앙도서관 출판시도서목록(CIP)은 서지정보유통지원시스템 홈페이지
(http://seoji.nl.go.kr)와 국가자료공동목록시스템(http://www.nl.go.kr/kolisnet)에서
이용하실 수 있습니다.
(CIP제어번호 : CIP2020005825)

* 책값은 뒤표지에 있습니다.
* 잘못된 책은 바꾸어 드립니다.